DIE STARRBRUST-PELOMEDUSE
PELOMEDUSA SUBRUFA

Maik Schilde

Foto: H. - D. Philippen

Inhalt

Bildnachweis:
Titelbild: Zum Sonnen, Schlafen oder für eine sommerliche Trockenruhe suchen die Starrbrust-Pelomedusen gerne den Landteil auf. Foto: H. - D. Philippen
Kleines Bild: Porträt von *Pelomedusa subrufa olivacea* Foto: A. S. Hennig
Seite 1: Starrbrust-Pelomeduse Foto: H. - D. Philippen

ISBN 978-3-937285-91-7

Natur und Tier - Verlag GmbH
An der Kleimannbrücke 39/41
48157 Münster · www.ms-verlag.de
Geschäftsführung: Matthias Schmidt

Lektorat: Kriton Kunz, Mike Zawadzki, Kristina Stephan & Heiko Werning
Layout: hohe birken – Ludger Hogeback
Druck: Druckhaus Fromm, Osnabrück

Vorwort

VOR Vor allem in den letzten Jahren wurden aufgrund des Rückganges asiatischer Sumpfschildkröten in der Natur – vor allem durch deren Verbrauch auf den Lebensmittelmärkten Chinas – verstärkt Wasserschildkröten aus anderen Teilen der Welt nach Europa importiert. Neben einer Vielzahl amerikanischer Schmuck- und Höckerschildkröten sind es hauptsächlich Arten aus Westafrika, allen voran die Starrbrust-Pelomedusenschildkröte (*Pelomedusa subrufa*). Auch wenn sie sich nicht durch Farbenpracht auszeichnet, so ist sie doch wegen ihres interessanten Verhaltens

Pelomedusa subrufa olivacea Foto: M. Schilde

und ihres „lächelnden Gesichts" eine beliebte Schildkröte. Ihre artgerechte Haltung ist relativ einfach zu realisieren, und die Robustheit dieser Tiere macht sie auch für Anfänger in der Wasserschildkrötenhaltung empfehlenswert. Zu beachten ist dabei allerdings, dass die häufig importierten Wildfänge meist in einem schlechten Gesundheitszustand zu uns kommen und demzufolge eine intensive Pflege benötigen.

In diesem Buch möchte ich Ihnen die wichtigsten Tipps zu Haltung und Nachzucht dieser interessanten Art geben, einer Schildkröte, die ihren Lebensraum auch mit Flusspferden und Krokodilen teilt.

Maik Schilde

Leipzig, im Frühjahr 2007

Einige Anmerkungen zur Biologie

DIE Starrbrust-Pelomeduse (*Pelomedusa subrufa*) ist ein Vertreter der Halswender-Schildkröten (Pleurodira). Im Gegensatz zu den Halsberger-Schildkröten (Cryptodira), die den Kopf bei Gefahr einziehen, legen die Halswender ihn seitlich an. Gemeinsam mit der Gattung *Pelusios*, den Klappbrust-Pelomedusenschildkröten, bilden sie die Familie Pelomedusidae (Pelomedusenschildkröten). Im Gegensatz zu den Klappbrust-Pelomedusen, die ein Scharnier in ihrem Bauchpanzer ausgebildet haben, besitzen die Starrbrust-Pelomedusen, wie der deutsche Name

Nah verwandt und ähnlich zu halten – die Ostafrikanische Klappbrust-Pelomeduse
Foto: M. Schilde

schon andeutet, dieses nicht und können somit ihren Panzer nicht verschließen.

Ihr Rückenpanzer (Carapax) ist stark abgeflacht, relativ breit und von ovaler Form. Ein flacher Kiel kann über den zweiten bis vierten Wirbelschild verlaufen. Meist ist er nur im jugendlichen Alter vorhanden und glättet sich mit dem Wachstum. Der erste Wirbelschild ist immer breiter als lang. Bei alten Tieren kann der Carapax entlang der Wirbelsäule auch leicht eingedellt sein. Die Färbung des Rückenpanzers kann von lehmfarben über oliv und verschiedene Brauntöne bis schwarz reichen. Auch der Bauchpanzer (Plastron) kann in der Farbe variieren: So sind Tiere mit weißlichem, hellgelbem bis bräunlichem oder fast schwarzem Plastron bekannt. Eine tiefe Analkerbe sowie die gelbliche bis braune, schmale, aber trotzdem gut entwickelte Brücke sind weitere Kennzeichen des Plastrons dieser Art.

Der Kopf ist relativ flach und breit. Die Augen stehen etwas hervor. Auf der Oberseite ist der Kopf braun bis oliv gefärbt, gelegentlich kann er auch hell und dunkel gesprenkelt sein. Kopfseiten, Unterkiefer und Kehle sind heller, meist creme oder gelb getönt. Diese helle Färbung reicht von der Nasenspitze bis einschließlich des Tympanums (Trommelfells). Am Kinn befinden sich zwei helle Barteln. Die Weichteile sowie die Gliedmaßen sind gelblich, bräunlich oder grau gefärbt. Die Unterseiten sind deutlich heller gezeichnet. Vermutlich besitzen Exemplare aus Trockenwäldern eine dunklere Panzerfarbe als

Tiere aus dem offenen Grasland.

Die Starrbrust-Pelomeduse kann eine Panzerlänge von 33 cm erreichen, meist bleiben die Tiere aber unter 20 cm. Es gibt auch Populationen, in denen die Tiere kaum größer als 15 cm werden.

Die Art ist südlich der Sahara in vielen verfügbaren Gewässern anzutreffen. Sie ist vom Senegal im Westen bis Äthiopien im Osten und bis zur Kap-Provinz der Republik Südafrika verbreitet. Außerdem hat *Pelomedusa subrufa* auch Madagaskar und die südliche Arabische Halbinsel besiedelt. In diesem riesigen Verbreitungsgebiet, das fast den ganzen afrikanischen Kontinent umfasst, hat die Starrbrust-Pelomeduse mehrere Unterarten ausgebildet.

Die Nominatform (also die Unterart, zu der das Exemplar zählt, anhand dessen die Art beschrieben wurde), *Pelomedusa subrufa subrufa* (LACÉPÈDE, 1788), ist von Ghana bis Somalia und in den Sudan sowie südlich bis zum Kap der Guten Hoffnung und in Madagas-

Im Lebensraum der Starrbrust-Pelomeduse: Tümpel in Ostafrika mit Kronenkranichen
Foto: A. S. Hennig

kar verbreitet. Bei ihr stößt die Naht zwischen den Armschilden (Humeralia) und den Brustschilden (Pectoralia) unmittelbar an die Mittelnaht des Bauchpanzers. Die Brustschilde treffen sich an der Mittelnaht des Plastrons.

Die Unterart *Pelomedusa subrufa olivacea* (Schweigger, 1812) lebt im nördlichsten Teil des Verbreitungsgebietes. Ihr Vorkommen erstreckt sich vom Senegal über Nigeria und Kamerun bis Äthiopien, Saudi-Arabien und den Jemen. Diese Unterart unterscheidet sich von den übrigen dadurch, dass die Naht zwischen den Armschilden und den Brustschilden nicht unmittelbar an die Mittelnaht des Bauchpanzers stößt, sondern davor befindet sich noch eine Zwischennaht. Die Brustschilde treffen sich nicht an der Mittelnaht des Plastrons.

Als letzte Unterart ist die im südlichen Afrika, im Kwazulu-Natal, Orange-Freistaat und im östlichen Teil der Kap-Provinz vorkommende *Pelomedusa subrufa nigra*, Gray, 1863, bekannt. Der Bauchpanzer ist analog zu dem der Nominatform aufgebaut. Somit treffen sich auch bei dieser Form die Brustschilde an der Mittelnaht des Bauchpanzers. Im Gegensatz zu den anderen beiden Unterarten ist bei ihr jedoch der Bauchpanzer schwarz bis dunkelbraun gefärbt, und auf der Unterseite der Randschilde (Marginalia) befinden sich dunkle Dreiecke.

Da die meisten afrikanischen Wasserschildkröten aus Westafrika importiert werden, werden im

Die Augen stehen bei der Starrbrust-Pelomeduse etwas hervor.
Foto: M. Schilde

Handel nur *P. subrufa subrufa* und *P. subrufa olivacea* angeboten. Häufig sieht man auch Tiere, die nicht eindeutig einer der beiden Unterarten zugeordnet werden können, da z. B. nur ein Brustschild an die Mittelnaht stößt. Wahrscheinlich handelt es sich bei diesen Exemplaren um Mischlinge, die auch in der Natur vorzukommen scheinen.

Die Starrbrust-Pelomeduse bewohnt die unterschiedlichsten stehenden temporären, aber auch permanenten Gewässer. Es werden Teiche, Seen, Bäche und Tümpel besiedelt sowie Wasserlöcher, Spurrinnen und Rindertränken. Diese Schildkrötenart ist

Plastronansicht von Männchen (rechts) und Weibchen (links) Foto: M. Schilde

sehr anpassungsfähig und kann von der Küste bis in eine Höhe von 3.100 m ü. NN gefunden werden. Im Gegensatz zu den *Pelusios*-Arten scheint die Starrbrust-Pelomeduse temporäre Gewässer zu bevorzugen. Im Gambia bewohnt sie besonders häufig Reisfelder (Minuth & Thieme 2004). Es konnte auch beobachtet werden, dass diese Schildkröten nur während der Regenzeit im Wasser aktiv sind. Einheimische in Gambia setzen sie gerne in ihre Brunnen, da sie durch ihr ständiges Graben im Bodengrund diesen immer weiter vertiefen. Vor allem aus den Wasserlöchern der Savanne sind große Populationen bekannt. Auch an Ufern größerer Flüsse werden die Tiere gefunden, wenn auch in geringerer Anzahl. Selbst Kleinstgewässer von wenigen Quadratmetern Fläche und niedrigem Wasserstand von 15–20 cm werden besiedelt. Wenn diese Gewässer in der Trockenzeit verschwinden, graben sich die Schildkröten in den Schlamm ein und führen eine Trockenruhe durch, die über viele Monate anhalten kann, wie Loveridge (1941) es für einige Exemplare in Südafrika nachwies, die von Mai bis August übersommerten. Jungtiere wurden von Rödel (1990) in mit Wasser gefüllten Wagenspuren gefunden. Mit dem Einsetzen der Regenzeit graben sich die Tiere wieder aus dem Schlamm aus. Oft werden sie in dieser Zeit bei Überlandwanderungen gefunden (Pritchard 1979; Rödel 1990). Aufgrund dieser Anpassung an Trockenzeiten ist es der Art möglich, einen Großteil des afrikanischen Kontinents zu besiedeln. Bei Exemplaren aus permanenten Gewässern kann jedoch auch gelegentlich eine ganzjährige Aktivität festgestellt werden. Rödel & Grabow (1995) fanden die ersten Pelomedusen Ende April nach dem Einsetzen der Regenzeit. Schlüpflinge wurden von ihnen aber erst von Mai bis Juni entdeckt. Diese besaßen eine Panzerlänge von 3 cm. In Südafrika setzen die Weibchen ihre Eier

vom späten Frühjahr bis zum Frühsommer ab. Die Nester werden in 10–17 cm Tiefe getrieben. Meist umfassen die Gelege zwischen 13 und 16 Eier mit einer Größe von ca. 38 x 22 mm. Die Eier besitzen im Gegensatz zu denen vieler anderer Schildkrötenarten eine pergamentartige, elastische, weiße Schale. Zu der Inkubationsdauer in der Natur gibt es verschiedene Beobachtungen: So geben ERNST & BARBOUR (1989) 75–90 Tage sowie PRITCHARD (1979) und BRANCH (1988) 90–110 Tage an. Die oliv bis schwarz gefärbten Jungtiere sind beim Schlupf 25–30 mm groß.

Biotop von *Pelomedusa subrufa* in Ostafrika Foto: A. S. Hennig

Im südlichen Afrika, wo die Temperaturen doch stärker schwanken und im Winter deutlich tiefer liegen, werden die Schildkröten häufig beim Sonnen beobachtet. Dabei werden im Wasser liegende Baumstämme sowie Wasserpflanzenpolster bevorzugt. Im tropischen Teil Afrikas dagegen kann dieses Verhalten nur selten gesehen werden.

In Südafrika überwintern die Pelomedusen bei niedrigen Wintertemperaturen auch gelegentlich von Mai bis August, indem sie sich ebenfalls in den Bodengrund der Gewässer zurückziehen.

Haltungsvoraussetzungen, Erwerb und Transport

VOR dem Erwerb des Tieres sollten die Voraussetzungen einer artgerechten Haltung überprüft werden. Die Bereitschaft zur langjährigen und artgerechten Pflege ist vor dem Kauf des Tieres kritisch zu überdenken. Nicht nur die Anschaffung der Schildkröten, das Aquaterrarium, seine Einrichtung und Technik, sondern auch der Betrieb und die Pflege sind kosten- und zeitintensiv.

Die Ausgaben für Becken, Technik und Einrichtung sowie die laufenden Kosten beispielsweise für Energie, Wasser und Futter sind zu bedenken. Ihre Schildkröte kann bei sachgerechter Pflege eine lange Lebenszeit besitzen und durchaus 25 Jahre oder mehr erreichen. Sie sollten also bereit sein, langfristig dem neuen Hobby treu zu bleiben.

WUSSTEN SIE SCHON?
Das vom ehemaligen Bundesministerium für Ernährung, Landwirtschaft und Forsten in Auftrag gegebene Gutachten über die Mindestanforderungen an die Haltung von Reptilien (1997) sieht zur Haltung von Starrbrust-Pelomedusen vor: Mindestbeckenfläche für zwei Exemplare ist das Fünffache der Panzerlänge mal der Hälfte der errechneten Länge, bei einem Wasserstand, der der Panzerbreite entspricht. Sollen ein drittes oder viertes Individuum gehalten werden, müssen je mindestens 10 % zugegeben werden, ab dem fünften Tier 20 %. Diese Maße sollten nach Möglichkeit überschritten werden, da sie, wie gesagt, nur die Mindestanforderungen widerspiegeln.

Pelomedusa subrufa zählt momentan nicht zu den gefährdeten Tierarten und unterliegt keinen Artenschutzbestimmungen, bis auf Tiere aus Ghana, die in Anhang III des Washingtoner Artenschutzabkommens gelistet sind und von dort nicht importiert werden. Weil aber beim Erwerb dieser Art keine schriftlichen Herkunftsnachweise oder behördlichen Dokumente notwendig sind, wird sie frei gehandelt.

Neben dem Verantwortungsbewusstsein für das Tier und den laufenden Kosten muss auch die Frage nach der Urlaubsbetreuung erörtert werden. Vor dem Kauf sollte man sich über die Lebensweise und die artgerechte Haltung der Art informieren. Einen Überblick liefern dieses Buch sowie weiterführende Literatur (siehe „Verwendete und weiterführende Literatur"). Heute wird oft über das Internet schnell die gewünschte Information gesucht, aber häufig sind die Haltungsempfehlungen dort leider unzureichend oder falsch. Hier muss

man kritisch sein und darf nicht an der falschen Stelle, nämlich an guter Literatur, sparen.
In den meisten Fällen werden die Tiere in der Zoohandlung erworben. Bei den angebotenen Schildkröten handelt es sich dabei gewöhnlich um Wildfänge oder vermutlich so genannte Ranching-Tiere. Dafür werden erwachsene Weibchen der Natur entnommen und bis zur Eiablage gehältert, anschließend aber wieder ausgesetzt. Die so gewonnenen Eier werden inkubiert und die hieraus schlüpfenden Jungtiere später verkauft. Diese Methode ist sehr umstritten, besonders, da häufig doch auch die Weibchen nach der Eiablage weiterverkauft werden. Auch Tiere aus Farmen werden importiert, doch ebenso wie bei den Ranching-Exemplaren fällt auf, dass sie schon relativ groß sind und es sich somit wohl meist um Wildfänge handelt. Bedingt durch den Stress beim Transport sowie bei der Haltung vieler Tiere auf engem Raum sind die Schildkröten oft in einem schlechten gesundheitlichen Zustand. Ohne eine anschließende aufwändige Behandlung führen diese Umstände bei Importtieren häufig zum Tode.
Seltener werden auch Nachzuchttiere von regionalen Züchtern angeboten. Wenn man die Wahl hat, sollte diese immer auf die Nachzuchten fallen, da solche Exem-

Pelomedusa subrufa olivacea
Foto: M. Schilde

plare gesünder sind als die Importtiere. Vor dem Kauf sollten Sie das Tier genau beobachten. Nimmt es Nahrung auf, oder verhält es sich auffällig und hat Verletzungen? Macht es einen munteren Eindruck? Kann es richtig tauchen? Sind die Augen klar? Lassen Sie sich die Schildkröte zeigen und achten Sie dabei auf den Allgemeinzustand. Der Panzer muss fest sein, und die Tiere sollten mit kräftigen Bewegungen der Gliedmaßen versuchen zu flüchten oder sich zu wehren. Nehmen Sie sich vor allem Zeit. Begutachten Sie auch das Terrarium, denn es dokumentiert den Sachverstand des Zoohändlers oder Züchters. Häufig leiden die Tiere unter Pilzbefall der Haut und Nekrosen des Panzers, wenn kein trockener Sonnenplatz vorhanden ist. Auch wenn keine Erkrankungen augenscheinlich ersichtlich sind, können dennoch durchaus noch bei Ihnen zu Hause die oben erwähnten Probleme auftreten. Deshalb sollte immer eine Quarantäne und Untersuchung von Kotproben nach dem Erwerb erfolgen (siehe auch Kapitel „Gesundheit"). Neben dem lokalen Tierhändler können diese Schildkröten auch gelegentlich über Internethändler bezogen werden. Hierbei handelt es sich ebenfalls häufig um Importtiere. Der Nachteil ist, dass man die Schildkröten vor dem Kauf nicht begutachten kann. Die

In Styroporkisten sind die Schildkröten beim Transport vor Auskühlung oder Überhitzung geschützt. Foto: L. Hogeback

beste Möglichkeit, Tiere zu erwerben, besteht im Kauf bei einem Schildkrötenzüchter. Hier bekommt man auch die notwendigen und wertvollen Tipps zum Start kostenlos mit und kann die Haltung der erwachsenen Tiere beurteilen. Leider wird diese Art nur vereinzelt von privaten Liebhabern nachgezogen. In Fachzeitschriften, wie z. B. REPTILIA und MARGINATA (siehe „Weitere Informationen) sowie im „Anzeigen Journal" der DGHT (Deutsche Gesellschaft für Herpetologie und Terrarienkunde) findet man entsprechende Inserate. Eine andere Möglichkeit, die immer häufiger genutzt wird, sind Börsen. Dort werden sowohl Nachzuchten als auch Wildfänge angeboten. Meist kann der Anfänger nicht zwischen diesen unterscheiden. Bei dem Kauf auf Börsen sollte man genau auf die Unterbringung und Qualität der Tiere achten. Oft herrscht eine gewisse Hektik in den Räumlichkeiten. Doch man muss mit Ruhe und Bedacht an den Tierkauf gehen sowie auf Spontankäufe verzichten.

Um die Tiere sicher nach Hause zu transportieren, werden sie einzeln in recht kleine Plastikdosen mit perforiertem Deckel gesetzt. Auf den Boden der Boxen kann man feuchte Haushaltstücher oder Kokossubstrat legen. Die Tiere werden sich zwischen den Falten des Tuches oder im Substrat verbergen. Während eines kurzen Transportes ist Trockenheit kein Problem, bei längeren Wegen ist aber das erwähnte feuchte Substrat besser geeignet. Jungtiere können auch zu mehreren zusammen in einer Dose untergebracht werden. Erwachsene Exemplare lassen sich außerdem einzeln in gut verschlossenen Leinenbeuteln verstauen. Dabei sollte beachtet werden, dass die Naht des Beutels außen ist. Ansonsten können sich die Tiere mit den Fäden strangulieren. Keinesfalls dürfen die Schildkröten im Wasser transportiert werden, da sonst die Gefahr des Ertrinkens besteht. Die kleinen Boxen oder Leinenbeutel kommen dann in eine größere, wärmedämmende und ausgepolsterte Styroporkiste oder einen ähnlichen Behälter. Dort sind die Schildkröten vor Auskühlung und Überhitzung geschützt. Zu Anfang sollte dem Wasser etwas Kochsalz (2 g/l) zugesetzt werden, um Pilz- und Nekrosenbefall zu vermeiden. Zum genauen Ablauf der nun folgenden Quarantänezeit siehe Kapitel „Gesundheit".

Das Aquaterrarium

DIE Starrbrust-Pelomeduse ist ein eher aquatil lebendes und wie alle Reptilien wechselwarmes (poikilothermes), also in seiner Körpertemperatur von den Außenwerten abhängiges, Tier. Deshalb kommt zur Haltung nur ein beheiztes Aquaterrarium in Frage. Als Wasserschildkröten benötigen diese Tiere einen großen Schwimmraum und viele Versteckmöglichkeiten. Aktiv werden die Tiere vor allem in der Dämmerung. Da sie sich aber gelegentlich auch sonnen, ist zusätzlich ein Sonnenplatz einzurichten. Einige Exemplare graben sich gern für einige Wochen im Landteil ein. Deshalb ist dieser mindestens 20 cm tief mit feuchtem Sand zu befüllen.

Die Verwendung eines handelsüblichen Aquariums, wie man es im Zoohandel oder in Bau- und Gartenmärkten in großer Auswahl und zu günstigen Preisen erhält, ist am sinnvollsten. Man kann darin durch Einkleben von Glasplatten mit Aquariensilikon entsprechende Landteile herstellen. Es besteht dabei die Möglichkeit, den Landteil auch unterschwimmbar einzubauen. Die angebotenen Aquarien-Komplettsets mit Abdeckung sind dagegen zur Schildkrötenhaltung völlig ungeeignet. Die Abdeckung behindert zum einen die Luftzirkulation, zum anderen können die notwendigen Strahler nicht installiert werden.

Für die Haltung dreier ausgewachsener Tiere ist ein Aquaterrarium von 120 x 50 cm Grundfläche ausreichend. Der Wasserstand sollte nur 20 cm betragen. Bei einem höheren Wasserstand geraten die Schildkröten in Panik und können ertrinken. Das Aquaterrarium müsste dann ca. 40–50 cm hoch sein, um den Tieren einen Austieg aus dem Becken zu verwähren. Als günstig hat sich auch ein Rahmen aus Holz bewährt, der auf das Becken aufgesetzt wird.

Um den Weibchen Stress zu ersparen, der oft zu Legenot führt (d. h., die Weibchen können dann legereife Eier nicht absetzen), und um sie vor Verletzungen durch die Männchen zu schützen, sollten diese getrennt von den Weibchen gehalten werden. Nur zur Verpaarung können dann einzelne Weibchen zu dem Männchen gesetzt werden. Die Art ist nicht sehr aggressiv. Mehrere

Der Wasserstand im Aquaterrarium für Starrbrust-Pelomedusen sollte 20 cm betragen, kann aber zur Trockenzeit auch deutlich abgesenkt werden.
Foto: H. - D. Philippen

Pelomedusenschildkröten (hier: *Pelusios castaneus*) muss auch die Möglichkeit zu einem Sonnenbad im Trockenen geboten werden. Foto: E. Büttner

Männchen können zusammen gepflegt werden, aber sicherer ist es, sie einzeln zu halten. Gelegentlich stülpen die Männchen ihren Penis aus. Wenn mehrere Tiere in einem Becken gepflegt werden, kann es dann zu Bissverletzungen kommen. Gegebenenfalls kann der Penis abgebissen oder so schwer verletzt werden, dass das Tier unfruchtbar wird oder an den Folgen stirbt. Darum ist es günstiger, die Männchen einzeln in Becken von 80 x 40 cm Grundfläche zu halten. Häufig verträgt sich aber eine Gruppe aus einem Männchen und 2–3 Weibchen sehr gut, sodass die geschilderten Probleme gar nicht bestehen. Dann ist natürlich auch die Haltung einer solchen Gruppe möglich, doch muss diese stets gut beobachtet werden, um bei Schwierigkeiten sofort eingreifen zu können. Aufgrund der oben erwähnten Verletzungsgefahr ist gerade für unerfahrene Halter von einer Gemeinschaftshaltung abzuraten.

DER PRAXISTIPP

Sie sollten gemeinsam gepflegte Tiere genau auf ihre Verträglichkeit beobachten, damit Sie sie bei Problemen trennen können.

Wenn man Jungtiere oder Schlüpflinge erwirbt, sollten diese zu Anfang in kleinen Becken (z. B. 50 x 30 cm Grundfläche) gepflegt werden. Hier ist ihre Futteraufnahme besser zu kontrollieren. Bis zur Geschlechtsreife kann man sie gut zusammen in einer Gruppe von ungefähr fünf Tieren halten. Das Becken muss dabei natürlich dem Wachstum der Tiere angepasst werden.

Erwachsene Weibchen benötigen eine Eiablagestelle, die zugleich als Sonnenplatz genutzt werden kann. Günstiger ist es aber, beides getrennt einzurichten.

Insbesondere trächtige Weibchen nutzen den Landteil zum Aufwärmen unter einem Strahler. Häufig wird der Landteil auch nachts zum Schlafen aufgesucht, oder die Tiere graben sich für einige Tage bis Wochen im Substrat ein und führen eine Trockenruhe durch. Deshalb sollte auch in Behältern, in denen sich Jungtiere oder einzeln gehaltene Männchen befinden, ein Landteil eingebaut werden.

Über dem Landteil ist ein Reflektorstrahler anzubringen. Im Lichtkegel sollte die Temperatur dann bei mindestens 35 °C liegen. Solche „Abtrocknungs-Plätze" besitzen auch eine wichtige hygienische Bedeutung gegenüber vielen aquatischen Mikroorganismen und dürfen deshalb nicht fehlen.

Für ein Aquarium mit erwachsenen Exemplaren ist es besonders angebracht, einen festen Landteil einzubauen. Dazu gibt es mehrere Möglichkeiten: Die praktischste und haltbarste Variante besteht im Einkleben von Glasscheiben mittels Aquariensilikon. Dazu wird eine Glasscheibe auf die lichte Breite des Aquariums geschnitten und so zwischen Vorder- und Rückwand eingeklebt, dass man das Becken in einen Land- und einen Wasserbereich unterteilt.

Bei großen Aquaterrarien mit viel Schwimmraum ist auf ausreichend Struktur und leichte Ausstiegsmöglichkeiten zu achten, damit die Schildkröten nicht ertrinken. Wichtig: Beobachten Sie das Verhalten der Tiere!
Foto: A. S. Hennig

Zum Sonnen, Schlafen oder für eine sommerliche Trockenruhe suchen die Starrbrust-Pelomedusen gerne den Landteil auf. Foto: H. - D. Philippen

Lässt man diese Trennwand nicht bis auf den Boden reichen und versieht den Landteil mit einer separaten Bodenplatte, kann der so gewonnene Platz darunter von den Schildkröten als Versteck und Schwimmraum genutzt werden. Die Breite des Landteils richtet sich nach der Tiefe des Aquariums. Eine Länge von 20 cm und eine Höhe von ebenfalls 20 cm sind ausreichend. Eine weitere schräg eingeklebte Scheibe, die am Landteil angebracht wird, dient den Schildkröten als Aus- und Einstieg. Sie kann mit Kunstrasen, Kork oder einfach nur Aquariensilikon beklebt werden, um den Tieren Halt zu geben. Man kann aber auch Steine als Ausstieg aufschichten oder eine Zierkorkbrücke verwenden. Beim

Schichten von Steinen ist jedoch unbedingt auf Stabilität zu achten (am besten ebenfalls mit Aquariensilikon verkleben), damit die Schildkröte nicht eingeklemmt wird und ertrinkt bzw. das Becken zu Bruch geht, wenn die Konstruktion einstürzt. Der Landteil kann auch aus einem passenden Kunststoffbehälter bestehen, der rutschsicher auf zwei Ziegelsteinen ins Becken gestellt wird. Auch hier können die Schildkröten den entstandenen Raum unter dem Landteil als Versteck und Schwimmraum nutzen. Als Substrat für den Landteil sind Sand oder ein Gemisch aus Blumenerde und Sand zu empfehlen. Es muss immer leicht feucht gehalten werden. Normalerweise sind die Weibchen recht anspruchslos, was die Qualität des Bodengrundes und die Wahl des Ablageplatzes betrifft. Auch hier sollte natürlich ein kleiner 40-W-Strahler den Landteil beleuchten und erwärmen, wobei im Zentrum des Lichtkegels die höchste Temperatur herrscht. Die Weibchen können sich dann die für sie zur Eiablage optimal temperierte Niststelle heraussuchen. In einem Becken mit Jungtieren sollte aus praktischen Gründen auf einen fest installierten Land-

DER PRAXIS-TIPP

Man sollte das Gewicht eines Aquaterrariums mit Wasser und Einrichtungsgegenständen nicht unterschätzen. Immerhin wiegt ein Liter Wasser rund 1 kg. Unter den Glasboden muss eine weiche Unterlage gelegt werden, die Spannungen abpuffert. Stellt man das Glasbecken direkt auf eine harte Unterlage, kann es im Boden des Beckens zu Materialspannungen kommen, die zu Glassprüngen führen. Als Unterlage kommen handelsübliche Schaumstoffmatten aus dem Zoohandel oder aber einfache, preiswerte Styroporplatten aus dem Baumarkt in Betracht. Eine Matten- bzw. Plattenstärke von 5-10 mm reicht aus.

teil verzichtet werden. Zum einen lässt sich das Becken so schneller und besser säubern, und zum anderen können sich die Jungtiere nicht unkontrolliert im Substrat vergraben. Besser geeignet sind hier Wurzeln, die über das Wasser ragen, oder Zierkorkbrücken, auf denen die Schildkröten sich sonnen können.

Das Becken sollte teilweise mit einer Glasscheibe abgedeckt werden. Dadurch wird die Luftfeuchte erhöht, und die Schildkröten sind vor Zugluft geschützt. Das Aquarium muss auf eine stabile Unterkonstruktion (z. B. Tisch, spezielles Regal oder Schrank) gestellt werden, die dann auch das Gewicht des vollen Beckens tragen kann.

Das Becken muss im Raum vor Zugluft geschützt stehen. Vermeiden Sie Standorte mit direkter Sonneneinstrahlung: Zum einen kann sich das Wasser sonst extrem aufheizen, zum anderen bilden sich häufig viele Algen, sodass das Wasser in Kürze grün verfärbt ist.

Um den Tieren Rückzugsmöglichkeiten zu bieten, müssen im Wasser Sichtbarrieren und Versteckplätze geschaffen werden. Dazu können verschiedene Moorkienwurzeln, Steinholz, Steine und Plastikpflanzen verwendet werden. Sie dienen aber nicht nur als Deckung und damit dem Schutzbedürfnis der Tiere, sondern auch als Ruhezonen und Schlafplätze, von denen aus die Tiere ohne zu schwimmen atmen können. Der Wasserstand kann bei adulten Tieren 20 cm betragen, bei Jungtieren entsprechend weniger. Auf einen Bodengrund im Wasserteil sollte nicht verzichtet werden, da diese Art eher weniger gut schwimmt, sondern häufig auf dem Grund läuft oder sich im Bodensubstrat eingräbt. Man

kann als Bodengrund Sand oder feinen Kies verwenden. Sand ist jedoch Kies vorzuziehen, da einige Tiere zum häufigen Schlucken von Steinen neigen, da sie im Kies gelegentlich nach Futter graben. Dies kann im schlimmsten Fall zu einem Darmverschluss führen.

Häufig wird aber durch die Schildkröten Substrat vom Landteil ins Wasser getragen, sodass ohnehin immer eine gewisse Menge Bodengrund im Wasserteil vorhanden ist.

Bei jeder Reinigung muss der Bodengrund gründlich durchgespült werden, um ein Faulen zu verhindern. Wer sich diesen Arbeitsaufwand ersparen möchte, sollte aber den Glasboden des Beckens mittels Aquariensilikon z. B. mit Kork bekleben, da die Schildkröten viel am Boden laufen. Darauf können die Tiere sich gut festhalten, und die Reinigung ist einfach. Artgerechter ist aber eine Haltung mit Sand als Bodengrund!

Die Starrbrust-Pelomeduse lebt überwiegend im Wasser. Foto: P. Velensky

Einrichtung

EIN Wasserschildkrötenbecken lässt sich nur bedingt ansprechend einrichten. Einige Strukturelemente, wie Moorkienwurzeln, Mangrovenholz, größere Steine und Plastikpflanzen, lassen sich im Wasserteil platzieren. Man sollte nur Stücke auswählen, in denen sich keine Tiere einklemmen können. Moorkienwurzeln färben das Wasser zu Anfang mit Gerbstoffen bräunlich, was aber für die Schildkröten nicht schädlich ist. Steine müssen umsturzsicher gelegt bzw. festgeklebt werden. Will man Wurzeln und Äste einheimischer Bäume verwenden, ist auf die Vermeidung von Schimmel und Fäulnis zu achten.

Eine Rampe zum Landteil kann auch aus Glas bestehen, das in das Aquarium eingeklebt wird.
Foto: M. Schmidt

Diese müssen schon ausgefault sein. Dass keine Obstgehölze verwendet werden, die mit Chemikalien behandelt wurden, ist selbstverständlich. Auch ist es möglich, die im Fachhandel erhältlichen Aquarienrückwände zu verwenden.

Der Landteil ist ebenfalls eher zweckdienlich eingerichtet. Wenn er größer ist, kann er jedoch durch Steine, Zierkork oder Wurzeln etwas strukturiert werden. Für das Wohlbefinden der Schildkröten ist das aber nicht zwingend notwendig. Um das Aquaterrarium für den Betrachter freundlicher zugestalten, kann man über dem Becken auch noch einen Epiphytenast befestigen. Hier lassen sich dann verschiedenste Pflanzen (Orchideen, Bromelien, Tillandsien) pflegen. Diese Pflanzen dürfen für die Schildkröten nicht erreichbar sein, da sie sonst möglicherweise abgefressen werden.

ACHTUNG!
Bei allen Einrichtungsgegenständen ist darauf zu achten, dass sich kein Tier dazwischen bzw. darin verklemmen kann!

Zierkorkbrücken, die zwischen die Vorder- und Hinterscheibe gespannt werden, können als Versteckplatz und Sichtschutz dienen. An der Wasseroberfläche schwimmende Plastikpflanzen eignen sich als weitere Versteckmöglichkeiten. Dort können sich die Schildkröten auch bequem beim Atmen festhalten. Auf echte Wasserpflanzen muss man meist verzichten, da sie manchmal als Futter angenommen oder zumindest zerbissen werden. Lediglich die Muschelblume, auch Wassersalat genannt, wird als Schwimmpflanze selten beachtet und bietet eine gute Deckung.

Technik

STARRBRUST-

Pelomedusen sonnen sich gelegentlich, wie schon erwähnt. Wenn ihnen nicht die Möglichkeit zu einem Sonnenbad gegeben wird, bei dem sie vollständig abtrocknen können, kann es zu Infektionen der Haut kommen. Als Grundbeleuchtung sollten Leuchtstofflampen eingesetzt werden. HQI- und HQL-Lampen sind aufgrund ihres ausgewogenen Spektrums besonders zu empfehlen. Auch strahlen diese Lampen in geringem Maß UV-Licht ab, was aber für die Pflege dieser Art nicht nötig ist (s. u.). Da es sich aber bei unseren Pfleglingen um Exemplare einer eher dämmerungsaktiven Art handelt, können wir auf intensive Beleuchtung verzichten. Es reicht aus, wenn handelsübliche Reflektorstrahler Verwendung finden. Die Wattzahl und der Abstand zum Sonnenplatz sind so zu wählen, dass im Lichtkegel ca. 35 °C erreicht werden und die Tiere sich keine Verbrennungen zufügen können. Falls noch ein separater Eiablageplatz vorgesehen ist, muss auch dort ein Strahler installiert sein. Aufgrund der Lebensweise der Starrbrust-Pelomeduse kann man auf eine UV-Bestrahlung generell verzichten. Bei ausgewogener und abwechslungsreicher Ernährung kommt es auch ohne eine solche Strahlungskomponente zu keinen Mangelerscheinungen. Ich halte alle meine Schildkrötenarten mit ähnlicher Lebensweise seit Jahren ohne UV-Licht, und sie gedeihen und vermehren sich ausgesprochen gut.

Da im Allgemeinen die angebotenen Tiere aus dem tropischen Westafrika kommen, sollten die

Beleuchtung ist wichtig! Der Fachhandel hält eine große Auswahl vorrätig. Foto: K. Kunz

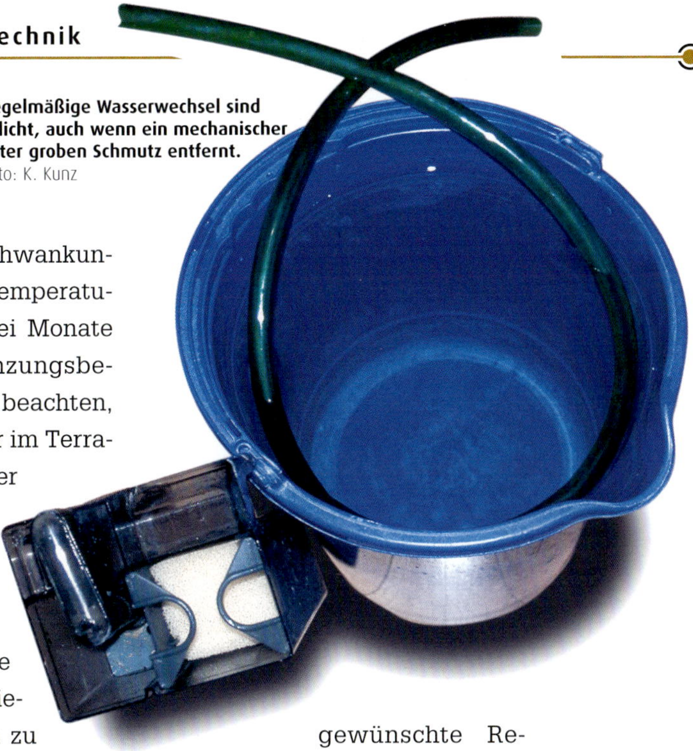

Regelmäßige Wasserwechsel sind Pflicht, auch wenn ein mechanischer Filter groben Schmutz entfernt.
Foto: K. Kunz

Wassertemperaturen zwischen 22 und 28 °C im Tagesverlauf variieren. Jahreszeitliche Schwankungen mit niedrigeren Temperaturen um 22 °C über zwei Monate fördern die Fortpflanzungsbereitschaft. Dabei ist zu beachten, dass die Lufttemperatur im Terrarium stets 2 °C über der des Wassers liegen muss, um Erkältungskrankheiten zu vermeiden. Im Allgemeinen reicht aber die Beleuchtung aus, um diesen Temperaturbereich zu halten. Somit liegt die Lufttemperatur automatisch höher als die Wassertemperatur. Durch Abschalten der Beleuchtung fällt die Temperatur nachts um einige Grad ab. Dies entspricht den natürlichen Gegebenheiten und wirkt sich positiv auf die Gesundheit der Tiere aus. Die tägliche Beleuchtungsdauer sollte je nach Jahreszeit zwischen 12 und 14 Stunden schwanken. Sinnvoll ist die Steuerung von Beleuchtung und Heizung über eine Zeitschaltuhr. Falls die Raumtemperatur für die Bewohner des Aquaterrariums nicht ausreicht und auch die Strahler nicht das gewünschte Resultat bringen, sollte das Wasser mit einem Aquarienheizstab aufgewärmt werden. Bei größeren Schildkröten besteht jedoch die Gefahr, dass dieser beschädigt wird. Deshalb sollte er z. B. mit Drahtgaze oder einem Plastikrohr geschützt werden. Eine weitere Möglichkeit zur Beheizung ist der Betrieb eines Außenfilters mit integriertem Heizungselement.

Auf Glasthermometer sollte ver-

ACHTUNG!
Bei allen elektrischen Installationen im Wasser muss immer gelten: Vor dem Wasserwechsel oder sonstigen Handgriffen im Becken stets den Netzstecker der Geräte ziehen!

zichtet werden, da es gelegentlich vorkommen kann, dass die Schildkröten diese als Futter ansehen. Um Unfälle zu vermeiden, ist es besser, Thermometer zum Aufkleben auf die Glasoberfläche zu verwenden.

DER PRAXISTIPP

Je nach Behältergröße, Tierbesatz und Futtermenge sollte in wöchentlichem oder vierzehntägigem Abstand das Wasser vollständig gewechselt werden. Während der Aufzucht von Jungtieren muss das Wasser häufiger ausgetauscht werden, da eine hohe Nitratbelastung zur Verlangsamung des Wachstums bis hin zum völligen Stillstand führen kann. Eingesetzte Blumentöpfe mit Cyperus-Gras können die Nitratkonzentration ebenfalls deutlich senken.

Das Filtern des Wassers ist für die Wasserqualität oft nicht entscheidend, sondern dient nur der Entfernung größerer Schwebteilchen. Augenscheinlich wirkt das Wasser dann klar. Die Belastung durch die Stoffwechselendprodukte wird dabei aber kaum positiv beeinflusst. Deshalb kommt man auch trotz Filterung nicht umhin, einen regelmäßigen Wasserwechsel durchzuführen – je nach Besatz in wöchentlichem oder 14-tägigem Abstand. Es können sowohl Innen- als auch Außenfilter verwendet werden. Als günstiges Filtersubstrat haben sich Schaumstoff oder Filterwatte erwiesen, da sie sich relativ schnell auswaschen

Filter sind zum Reinigen des Wassers recht nützlich. Foto: H. - D. Philippen

lassen. Bei größeren Aquarienanlagen haben sich besondere fest installierte Innenfilter bewährt. Dazu werden mit einigen Glasscheiben im Aquarium drei Kammern abgetrennt. Als Filtermaterial können auch hier Schaumstoff oder Filterwatte verwendet werden. Betrieben wird der Filter über eine Membranpumpe, die Luft in ein Siphonsystem hineinbläst und so das Wasser zum Umwälzen bringt. Gleichzeitig führt die zugeführte Luft zur Anreicherung des Wassers mit Sauerstoff. Mehrere Becken lassen sich dann auch mit einem Kompressor betreiben, der über Luftleitungen mit den einzelnen Aquarien verbunden wird. In den Filterkammern lässt sich auch ein Aquarienheizstab vor den Schildkröten sicher unterbringen und betreiben. Zusätzlich können noch verschiedene Pflanzen in den Filter gesteckt werden; diese nehmen Nitrate aus dem Wasser auf und verbessern nebenbei die Gestaltung des Beckens. Lavakies kann ebenfalls in die Filterkammer eingebracht werden. In diesem natürlichen porösen Gestein gibt es für Mikroorganismen eine große Besiedelungsfläche. Sie bauen dann auch Nitrate im Wasser ab. Diese Art der Filterung hat aber nur Sinn, wenn der Besatz mit Tieren sehr gering ist.

Regelheizer unterschiedlicher Wattstärken
Foto: K. Kunz

Pflege

STARRBRUST-Pelomedusen sind sehr durchsetzungsfähige, manchmal etwas rabiate Pfleglinge, die auch mal schnell zubeißen können. Gegenüber anderen Schildkrötenarten sind sie oft dominant, weshalb es sehr empfehlenswert ist, diese Art nicht mit anderen zu vergesellschaften. Bissverletzungen sind sonst häufig die Folge, beispielsweise beim Füttern. Wenn dann eine Schildkröte eine Verletzung davonträgt, beißen die anderen Tiere immer wieder in die Wunde, die daher nicht verheilen kann. Ein verletztes Tier ist aus diesem Grund immer zu separieren.

Ernährung und Fütterung

PELOMEDUSA *subrufa* kann man als carnivor bezeichnen. Pflanzliche Stoffe nimmt sie nur eher zufällig bei der Nahrungsaufnahme zu sich. In der Natur besteht die Nahrung vor allem aus Insekten, Würmern, Schnecken, Forschlurchen und deren Laich sowie Kaulquappen, Fischen, kleinen Reptilien und Aas von Vögeln und Säugetieren.

> **DER PRAXISTIPP**
> Generell ist bei der Verfütterung von Tieren und Pflanzen aus der Natur auf die Schutzbestimmungen, die eventuelle Giftigkeit und die mögliche Belastung mit Schadstoffen zu achten (z. B. nicht unmittelbar neben stark befahrenen Straßen sammeln).

Besonderes bemerkenswert ist eine dokumentierte Form des Nahrungserwerbs bei einigen Populationen. Dort konnten die Schildkröten beim Abfressen von Parasiten an badenden Nashörnern beobachtet werden, was in einem Filmbeitrag gezeigt wurde. Schlüpflinge bekommen zu Anfang Mückenlarven, Wasserflöhe u. Ä., später sollte auch gelegentlich Vegetarisches angeboten werden. Vielleicht nehmen die Schildkröten doch hin und wieder etwas Pflanzliches an. Kleinkrebse und Insektenlarven können sowohl lebend als auch als aufgetautes Frostfutter gegeben werden.

Im Terrarium muss man seine

Auch Grillen sind ein wertvolles Futter. Foto: M. Schilde

Tiere optimal und vielseitig ernähren. Wichtig ist auch die richtige Versorgung mit Mineralstoffen und Vitaminen. Regenwürmer, Gehäuseschnecken, abgetötete Mäusebabys, Grillen, Heuschrecken etc. werden gern gefressen. Bei den Gehäuseschnecken müssen natürlich die Schneckenhäuser vorher geknackt werden, was nicht jedermanns Sache ist. Zu beachten ist, dass man nur Schnirkelschnecken ver-

Im pestizidfreien Garten gesammelte Hain- und Gartenschnirkelschnecken (keine geschützten Weinbergschnecken sammeln!) bereichern das Futterspektrum. Foto: A. S. Hennig

füttert, da z. B. Weinbergschnecken geschützt sind. Zusätzlich können Rinderherz, Süßwasserfisch, den man am besten mit Gräten und Innereien verfüttert, sowie verschiedene Futterpellets gegeben werden. Auch Wasserflöhe und verschiedene Mückenlarven sind ein wertvolles Futter, das vor allem die kleineren Jungtiere gern annehmen, wie schon angedeutet. Man kann außerdem nach verschiedenen Rezepturen Gelatinefutter herstellen. Hierbei benutzt man eine Mischung aus Fisch, Rinderherz, Ei, Vitaminen, Kalzium und Pflanzen, die die Schildkröten optimal versorgt. Bei einer erhöhten Gabe von purem Fleisch sollte dem Futter regelmäßig eine Mineralstoff-Vitamin-Mischung beigegeben werden, damit die Schildkröten keine Stoffwechselstörungen bekommen. Im Handel werden verschiedene Produkte angeboten. Man sollte immer die Inhaltsangaben prüfen. Vitamin A sollte in möglichst geringen Anteilen enthalten sein. Auch auf das richtige Verhältnis von Phosphor zu Kalzium ist zu achten: Idealerweise liegt dieses bei 1:2. Die Vitamingaben sollten aber nur einmal pro Woche entsprechend der angegebenen Dosierung verabreicht werden, da sonst schnell ein Zuviel gegeben wird. Wichtig ist

Futtermäuse werden im Fachhandel in verschiedenen Größen bereitgehalten. Foto: K. Kunz

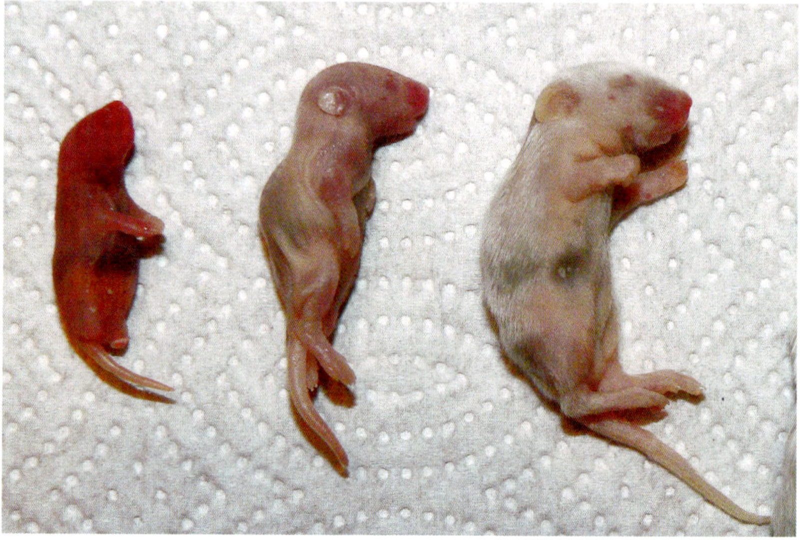

Katzenfutter oder Schildkrötenfutterpellets sind ein geeignetes Zusatzfutter.
Foto: H. - D. Philippen

eine insgesamt ausgewogene und vielseitige Fütterung. Dann kommt es zu keinen Mangelerscheinungen, und selbst auf zusätzliche Vitamingaben kann dann gänzlich verzichtet werden. Lediglich Kalzium kann in Form von Futterkalk, Mineralstoffmischungen, Eierschalen oder Sepiaschalen immer dem Futter beigemischt werden. Besonders wichtig ist dies in der Zeit der Eireifung, da dann die Weibchen einen erhöhten Kalziumbedarf besitzen.

Ein ebenso hervorragendes Futter sind Regenwürmer. Sie enthalten wertvolle Vitamine und Spurenelemente. Grillen kann man bei verschiedenen Insektenzüchtern und im Zoohandel erwerben. Gelegentlich gibt es sie auch gefrostet. Auch gefrorene Mäusebabys werden angeboten.

Jungtiere müssen täglich gefüttert werden, Erwachsene nur zwei- bis dreimal pro Woche. Dabei sollte nur so viel gegeben werden, wie die Tiere in fünf Minuten fressen.

Jahresrhythmus

DA es sich bei unseren Pfleglingen meist um Exemplare aus dem tropischen Westafrika handelt, sind keine größeren Temperaturschwankungen im Jahresverlauf notwendig, und die Tiere benötigen keine Winterruhe. Ein leichter Temperaturrückgang in den Wintermonaten von Dezember bis Januar auf ca. 22 °C und eine Beleuchtungsdauer während dieser Zeit von zwölf Stunden täglich reichen aus, um den Tieren eine gewisse Jahresrhythmik zu bieten. Im Rest des Jahres sollten die Temperaturen bei 25–28 °C liegen, und die Beleuchtung lässt man jeden Tag 14 Stunden eingeschaltet.

Häufig ziehen sich die Schildkröten für einige Wochen oder sogar Monate zu einer Trockenruhe auf den Landteil zurück. Bis zu fünf Monate waren sie z. B. bei BÜTTNER (2003) vergraben. Wenn die Ruhephase zu lange dauert, können die Tiere auch wieder dem Landteil entnommen und in ein Wasserbecken gesetzt werden. Der genaue Zeitpunkt dafür ist jedoch schwierig festzulegen. Deshalb müssen erwachsene Tiere im Abstand von einem Monat kontrol-

Pelomedusa subrufa subrufa
Foto: M. Schilde

Porträt von *Pelomedusa subrufa olivacea* Foto: A. S. Hennig

liert werden, Jungtiere alle 14 Tage. Sollten die Tiere zu sehr abmagern, ist eine zwangsweise Beendigung der Trockenruhe angezeigt. Dies passiert gelegentlich bei Jungtieren. Im Allgemeinen beenden die Tiere aber nach einer gewissen Zeit ihre Ruhephase selbstständig. Man kann dies auch durch regelmäßiges Übersprühen des Landteils mit Wasser erreichen. Einige meiner Tiere haben bis zu zwei Monaten im Landteil vergraben eine Ruhephase durchgeführt und sie anschließend selbstständig beendet.

Einige Halter pflegen ihre Tiere im Sommer in Freilandanlagen im Garten oder auf dem Balkon. Hierbei sollten die Temperaturen aber nicht unter 18 °C fallen. Während dieser Zeit können die Schildkröten häufig beim Sonnen beobachtet werden. Eine Pflege unter Freilandbedingungen ist aber nur in Einzelfällen und nur in wenigen, klimatisch begünstigten Lagen ratsam. Dann sollte aber auch keine Abkühlung des Terrarienklimas über den Winter erfolgen. Empfehlenswert ist sicher die Pflege im Gewächshaus während des Sommers, von Juni bis Anfang September.

DER PRAXISTIPP

Ein Freilandaufenthalt ist nicht erforderlich und nur bei sehr warmen Temperaturen im Hochsommer überhaupt möglich! Auch darf mit der Starrbrust-Pelomeduse keine Winterruhe bei stark herabgesetzten Temperaturen durchgeführt werden.

Vermehrung

DIE Geschlechter lassen sich schon ab einer Carapaxlänge von 10 cm gut unterscheiden. Männchen besitzen einen deutlich längeren und dickeren Schwanz. Die der Weibchen dage-

Grundvoraussetzung für jede Nachzucht ist, dass man ein sicher bestimmtes Pärchen der Art hält. Hier zwei *Pelusios sinuatus*. Foto: A. S. Hennig

gen sind sehr kurz und reichen kaum über den Panzerrand hinaus. Meist werden Männchen etwas größer als Weibchen. Weiterhin ist ihr Panzer etwas flacher

und das Plastron (Bauchpanzer) leicht konkav.

Paarungen können im gesamten Jahr stattfinden. Knirr (1982) registrierte Paarungen von November bis April. Seine Tiere waren aber im Sommer im Freilandteich untergebracht, wo Beobachtungen schwieriger sind und die Temperaturen niedriger liegen. Das Männchen nimmt das Weibchen geruchlich wahr, indem es zunächst an der Kloake und Brücke riecht. Anschließend umschwimmt es das Weibchen. Dann reitet es auf, klammert sich am Panzerrand der Partnerin fest und beginnt mit weit ausgestrecktem Kopf seitlich schwingende Kopfbewegungen. Dabei bewegt es seinen Kopf vor und über dem des Weibchens. Das Weibchen antwortet ebenfalls mit rhythmischen Kopfbewegungen. Bei Knirr (1982) setzte sich das Männchen erst vor die Partnerin und begann dann mit den rhythmischen Kopfbewegungen. Daraufhin begann auch das Weibchen, diese auszuführen. Anschließend kam es zu Paarung. Die Kopulation wird nach ca. 15–20 Minuten beendet.

Eiablagen wurden von März bis Juli festgestellt. Meist werden 10–20 Eier abgesetzt, je nach

Balz (hier bei der nah verwandten Art *Pelusios castaneus*) Foto: E. Büttner

Größe und Kondition des Weibchens. KNIRR (1982) berichtet von einer 12 cm tiefen Nistgrube, in der sich 14 Eier befanden. Bei BÜTTNER (2003) legte ein Weibchen in 2–14 cm Tiefe 13 Eier ab. Diese haben eine Größe von rund 30 x 18 mm.

Bei den Schlüpflingen der Starrbrust-Pelomeduse ist der große Kopf besonders auffällig. Foto: E. Büttner

Rücken- (oben) und Bauchpanzeransicht (unten) von *Pelomedusa subrufa olivacea*; Weibchen links, Männchen rechts Fotos: A. S. Hennig

Inkubation

NACH der Ablage sind die Eier mit einer mehr oder weniger starken Schicht Schleim umgeben. Einige Tage später trocknet dieser Schleim ein und bildet eine dünne weiße Kruste auf dem Ei. Man sollte den Schleim nicht abwischen, da sonst die Schlupfrate drastisch sinken kann (Knirr in Köhler 2004).

DER PRAXISTIPP
Vermiculit hat sich für die Inkubation von Wasserschildkröteneiern bestens bewährt. Das Substrat muss auch nicht steril sein, da gesunde Eier genügend Abwehrkräfte besitzen.

Da es sich um weichschalige Eier handelt, benötigen sie eine hohe Luft- und Substratfeuchtigkeit. Als Brutapparat kann ein Aquarium umgebaut werden. Dazu wird in das Becken auf halber Höhe eine Glasscheibe als Steg eingeklebt oder auf Ziegelsteine gelegt. Darunter befindet sich das Wasser. Auf die Scheibe stellt

Ein Aquarium lässt sich mit ein wenig Geschick als gut funktionierender Brutapparat nutzen.
Foto: K. Kunz

man dann kleine Behälter, die die Eier aufnehmen. Diese Behälter werden mit dem Inkubationssubstrat gefüllt, z. B. Vermiculit oder feuchtem Sand. Der Gasaustausch erfolgt durch Poren in der Schale der Eier. Er kann jedoch durch Wasser oder zu kompaktes Substrat behindert werden. Deshalb ist auf ein luftdurchlässiges, leicht feuchtes Brutsubstrat zu achten.

Der Inkubator wird bis unter den Glassteg mit Wasser aufgefüllt. Dieses wird mit einem thermostatgesteuerten Aquarienheizer erwärmt. Da es auch im Inkubator ein Temperaturgefälle gibt, wird der Temperaturfühler des Thermostates in einen der Eierbehälter gesteckt, um dort die richtige Temperatur einzustellen. Der Handel bietet verschiedene Thermostate an. Gut bewährt hat sich z. B. der „Thermotimer". Bei diesem Gerät lässt sich die Temperatur auf ± 1 °C genau einstellen und durch die Timerfunktion eine Nachtabsenkung der Temperatur

Ein handelsüblicher Inkubator Foto: M. Rogner

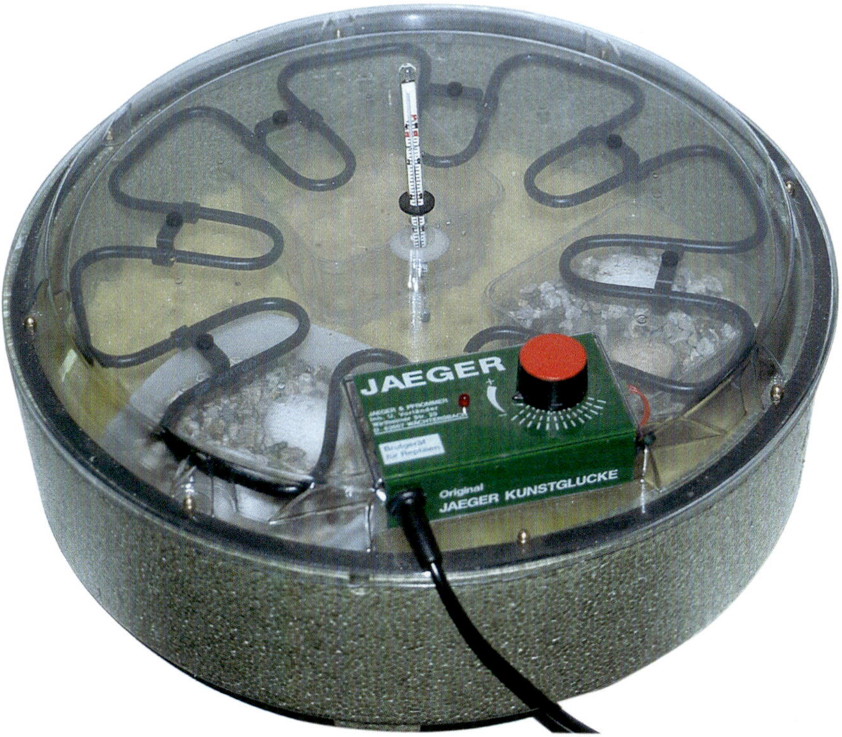

erreichen. Benutzt man dagegen einen einstellbaren Aquarienheizstab, so muss man zur Kontrolle ein Thermometer in einen Eierbehälter legen und den Heizstab so einstellen, dass bei den Eiern die gewünschte Temperatur stabil bleibt. Anschließend wird der Inkubator mit einer Glasscheibe abgedeckt. Es ist darauf zu achten, dass kein Kondenswasser auf die Eier tropft, damit die Embryonen nicht absterben. Daher legt man die Deckscheibe schräg auf, sodass das Kondenswasser abfließen kann. Auch können die kleinen Eierbehälter abgedeckt werden. Es muss dabei aber darauf geachtet werden, dass ein ausreichender Gasaustausch stattfinden kann. Es gibt natürlich auch verschiedene Inkubatoren im einschlägigen Fachhandel zu kaufen. Gute Erfolge erzielt man beispielsweise mit der bekannten Jäger-Kunstglucke. Da die Eier nach der Ablage nicht mehr um

WUSSTEN SIE SCHON?

Die Embryonen der Reptilien sind im Ei nicht an Hagelschnüren (Chalazen) verankert, wie dies bei Vögeln der Fall ist. Der Dotter sinkt im Schildkrötenei nach der Eiablage nach unten, und der Embryo wächst dann an der Oberseite fest. Bei Drehungen des Eis würde der Embryo abreißen oder unter den Dotter gelangen und absterben.

Diese Jungtiere sind etwa einen Monat alt. Foto: E. Büttner

die Längsachse gedreht werden dürfen, muss die Oberseite mit einem weichen Bleistift durch ein kleines Kreuz markiert werden. So können sie im Fall eines versehentlichen Drehens wieder in die richtige Lage gebracht werden. Wenn man mehrere Weibchen besitzt, ist es günstig, noch das Datum und die Kennung (z. B. Nummer) des Weibchens auf dem Ei zu vermerken.

Als Brutsubstrat eignet sich Vermiculit hervorragend. Das Vermiculit sollte so weit angefeuchtet werden, dass nach dem Ablaufen des Wassers bei Zusammendrücken des Vermiculites kein Wasser mehr heraustropft. Die Eier werden zu einem Drittel oder zur Hälfte darin eingegraben. Sind die Eier befruchtet, bildet sich nach einem Tag ein weißer Fleck auf der Oberseite der Eier. Er breitet sich in den nächsten Tagen weiter aus. Es kommt aber nicht zu der typischen Bindenbildung, wie man es von anderen Schildkröteneiern kennt, denn die Unterseite der Eier bleibt glasig. Die Inkubationstemperaturen sollten zwischen 28 und 32 °C, die Werte der relativen Luftfeuchte bei ca. 98 % liegen. Die Jungen schlüpfen dann nach 48–60 Tagen. Nach 53–55 Tagen schlüpften bei konstant 29 °C bei BÜTTNER (2003) die Jungtiere mit einer Panzerlänge von 26–27 mm und einem Gewicht von 4 g.

Bei den meisten Schildkrötenarten ist eine temperaturabhängige Geschlechtsfixierung bekannt, die Tiere besitzen also keine Geschlechtschromosomen, sondern das Geschlecht wird durch die Temperaturen während der Inkubation bestimmt. Bei der hier besprochenen Art sollen sich nach EWERT & NELSON (1991) bei 30 °C mehr Männchen und bei 24–27 °C sowie 33 °C mehr Weibchen entwickeln. Um ein annähernd ausgeglichenes Geschlechterverhältnis zu erbrüten, sollte man daher die Inkubationstemperatur schwanken lassen bzw. mit einer Nachtabsenkung arbeiten, was auch der Vitalität der Schlüpflinge förderlich ist. Eine andere Möglichkeit wäre die Benutzung zweier unterschiedlich temperierter Inkubatoren.

DER PRAXISTIPP

Um ein ausgewogenes Geschlechterverhältnis zu erhalten, sollte mit zwei unterschiedlich temperierten Inkubatoren (27 und 30 °C) gearbeitet werden. Alternativ kann man auch eine Nachtabsenkung der Temperatur durchführen oder die Temperatur um ca. 30 °C schwanken lassen. Besonders vitale Jungtiere bekommt man bei der Inkubationsmethode mit Nachtabsenkung, was auch den natürlichen Gegebenheiten entspricht.

Aufzucht

DIE Aufzucht der Jungtiere gestaltet sich sehr einfach. Wichtig ist, eine abwechslungsreiche Ernährung sicherzustellen. Die Schlüpflinge sollten, nachdem sie dem Inkubator entnommen wurden, einzeln in kleinen Behältern mit einem Wasserstand, der der doppelten Carapaxbreite entspricht, untergebracht werden. Einige Kunstpflanzen oder Steine dienen als Verstecke und Ruheplätze. Da die Schlüpflinge in den ersten Wochen sehr scheu sind, ist auf solche Deckungsmöglichkeiten besonderer Wert zu legen. Sobald die Jungtiere die erste Nahrung aufgenommen haben und sich der meist noch vorhandene Nabelspalt am Bauchpanzer geschlossen hat, können mehrere Tiere gemeinsam in ein größeres Becken umziehen. Dort werden sie dann weiter aufgezogen.

Manchmal schlüpfen die Jungtie-

Plastronansicht eines Jungtieres von *Pelomedusa subrufa olivacea* Foto: M. Schilde

Schlüpfling der Starrbrust-Pelomeduse bei der ersten Vermessung Foto: P. Velensky

re mit einem Dottersackrest. Ist er nur linsengroß, kann man die Tiere wie oben beschrieben in die kleinen Wasserbecken setzen. Meist ist der Dottersack nach einem Tag eingezogen und verbraucht. Ist er aber beim Schlupf noch größer, was auf dauerhaft zu hohe Inkubationstemperaturen hindeutet, sollten die betreffenden Jungtiere in einem separaten Behälter im Inkubator verbleiben, bis der Dottersack vollständig eingezogen wurde. Der Behälter (z. B. eine kleine Grillenbox) wird mit einem feuchten Küchentuch oder einfach mit feuchtem Vermiculit ausgelegt. Die Schlüpflinge vergraben sich dann im Substrat.

Kommen die Jungtiere dann nach den ersten Wochen in ein größeres Aufzuchtbecken, darf der Wasserstand nur allmählich angehoben werden, da die Jungtiere sonst leicht ertrinken könnten. Als Futter sollten hauptsächlich lebende Futtertiere angeboten werden. Zu Anfang fressen die Kleinen hauptsächlich lebende Kost. Kleine Regenwürmer, Wasserflöhe, Wachsmaden und Mückenlarven werden gern angenommen. Später können dann auch Rinderherz, Fisch, getrocknete Garnelen sowie gelegentlich Futtersticks angeboten werden. Dabei sollte nur so viel gegeben werden, wie in fünf Minuten gefressen wird.

Die Wassertemperaturen sollten zwischen 25 und 28 °C liegen. Die Jungtiere sind deutlich wärmebedürftiger als Erwachsene. Ein kleiner Sonnenplatz, erwärmt mit

Eine juvenile Starrbrust-Pelomeduse im Wasserbecken Foto: A. S. Hennig

einem 25-W-Strahler auf 30–35 °C, ist daher notwendig. Da die Jungtiere schnell wachsen, benötigen sie eine große Menge Kalzium. Vor allem, wenn man auch gelegentlich Rinderherz oder Fischfleisch verfüttert, muss immer Kalzium in Form von Sepiaschulp, Eierschalen, „Korvimin ZVT + Reptil“ oder anderen Mineralstoffmischungen zugegeben werden. Es kann auch durchaus sinnvoll sein, wenn man eine UV-Leuchtstofflampe über dem Aquaterrarium installiert, doch ist dies aber bei abwechslungsreicher Ernährung nicht notwendig. Greift man doch zu UV-Beleuchtung, darf der Abstand zum Sonnenplatz 30 cm nicht überschreiten, da das UV-Licht, das emittiert wird, nur bis zu diesem Abstand wirksam ist.

Ansonsten sollte das Becken der Jungen analog denen der adulten Tiere eingerichtet sein. Als Sonnenplatz reichen natürlich eine eingeklemmte Zierkorkbrücke, Steine oder Äste aus. Der Wasserteil muss gut strukturiert, der Landteil leicht zu erklimmen sein. Auf Sauberkeit ist natürlich zu achten. Das Wasser muss regelmäßig gewechselt werden, da die Stoffwechselabbauprodukte das Wachstum kleiner Schildkröten behindern können. Auf Wasserverschmutzung können die Tiere mit Nekrosen des Panzers und der Haut sowie Augenerkrankungen reagieren.

Hin und wieder kann es zu Aggressionen zwischen den Jungtieren kommen, vor allem bei der Fütterung. Bei meinen Starrbrust-Pelomedusen traten zwar nie Bissverletzungen auf, aber die mit ihnen gehaltenen *Pelusios williamsi* wurden gelegentlich gebissen. Nach ca. 3–5 Jahren und einer Größe von ungefähr 12 cm bei den Weibchen und 14 cm bei den Männchen sind die Tiere geschlechtsreif.

Schlupf Foto: E. Büttner

Gesundheit

DIE Starrbrust-Pelomeduse ist als eingewöhntes Tier eine sehr robuste Schildkrötenart. Importierte Exemplare hingegen sind sehr hinfällig. Sie kommen mit Stresssymptomen bei den Händlern an. Häufig leiden sie zusätzlich unter Dehydrierung (Austrocknung) und Nekrosen. Sie sollten die neuen Tiere zuerst ausgiebig baden. Dem Wasser sollte, wie oben schon erwähnt, etwas Kochsalz (ca. 2 g/l) zugegeben werden, um den Elektrolythaushalt zu stärken. Beim Bad wird häufig Kot abgesetzt. Diesen kann man gleich zur Untersuchung von Parasiten einem entsprechenden Tierarzt oder Institut übergeben. Auch wenn die Schildkröten nicht krank erscheinen, müssen sie eine Quarantäne von mindestens 4–6 Wochen durchmachen. Das Quarantänebecken kann kleiner als das spätere Aquaterrarium ausfallen. Es muss leicht zu reinigen sein sowie den klimatischen Anforderungen der Art entsprechen und alle notwendigen Einrichtungsgegenstände besitzen. Auf einen Bodengrund sollte hier aus hygienischen Gründen verzichtet werden. Die Tiere sollten einzeln untergebracht werden. So können die Futteraufnahme kontrolliert und gegebenenfalls Kotproben zugeordnet werden. Fressen die Tiere gut und zeigen keine Erkrankungen, und sind außerdem die Kotproben negativ, können sie nach der genannten Zeit ihr Haltungsbecken beziehen.

Trotz guter Pflege kann es zu Erkrankungen kommen. Dabei ist zu beachten, dass immer ein reptilienerfahrener Tierarzt konsultiert werden muss. Erkrankt eine Schildkröte, müssen immer die Haltungsbedingungen überprüft werden, da dort meist die Ursache liegt. Besondere Zuwendung muss vor allem neu erworbenen Tieren zuteil werden, gerade Wildfängen. Erkrankte Schildkröten werden einzeln untergebracht, damit sie durch andere Tiere nicht zusätzlich gestresst werden, sowie um die Infektionsgefahr zu mindern.

Haut- und Panzernekrosen

Vor allem importierte Wildfangtiere leiden häufig unter Nekrosen der Haut oder des Panzers. Es handelt sich dabei um eine Mischinfektion aus Pilzen und Bakterien, die immer den Lebensraum bewohnen und nur bei Tieren mit Immunschwäche, z. B. durch Stress verursacht, die Erkrankung hervorrufen. Sie sind als weißlich gelbe, flächige Beläge auf der Haut bzw. als helle, weiche und meist runde Stellen am Panzer zu erkennen. Wenn man die obere Schicht auf der Haut vorsichtig abkratzt, kommt darunter eine nässende, helle bis rotbraune Wunde zum Vorschein. Die Panzernekrose sitzt unter der Hornschicht des Panzers. Hier hilft nur ein radikales und vollständiges Herausnehmen des zerstörten Knochenmaterials mit einem Skalpell – natürlich durch den Tierarzt. Anschließend sollte er die Wunde mit Wasserstoffperoxid reinigen. Meist heilt sie dann ohne weitere Komplikationen gut ab. Als günstig hat sich auch hier eine Zugabe von etwas Kochsalz ins Wasser (2 g/l) erwiesen. Die Tiere sollten sich auf einem Son-

Massiv unter Stress leidende Tiere können an Panzernekrosen erkranken, die dann unbedingt behandelt werden müssen. Foto: H. - D. Philippen

nenplatz abtrocknen können und im akuten Fall stundenweise trocken gesetzt werden. Auf einen regelmäßigen Wasserwechsel ist natürlich zu achten.

Erkältung und Lungenentzündung

Erkrankungen der Lunge sowie der Atemwege können gelegentlich auftreten. Als Anzeichen für eine solche Erkrankung gelten pfeifende Atemgeräusche, eine verschleimte Nase und ein verschleimtes Maul, beim Atmen wird das Maul geöffnet, die Schildkröte schwimmt schief im Wasser und hat Probleme beim Tauchen. Die Tiere sind apathisch, fressen nicht und sitzen häufiger als gewöhnlich

Gesunde Starrbrust-Pelomeduse; bei einer verschleimten Nase besteht die Gefahr, dass das Tier an einer Erkältung erkrankt ist. Foto: H. - D. Philippen

auf dem Sonnenplatz. Als Ursache kommt oft eine gegenüber der Wassertemperatur zu niedrige Lufttemperatur in Frage. Hier muss man das Heiz- und Beleuchtungsregime ändern (siehe „Haltung“). Ein weiterer Grund kann Zugluft sein, die grundsätzlich zu vermeiden ist. Das Terrarium sollte nie auf dem Fußboden stehen.

Wenn die Umgebungstemperatur zu gering ist, ist es günstig, das Becken teilweise mit einer Glasscheibe abzudecken. Die Schildkröten dürfen auch keinen Freilauf im Zimmer erhalten, da im Fußbodenbereich permanent Zugluft herrscht. Das wichtigste zur Heilung ist Wärme.

Verletzungen

Gelegentlich können – bedingt durch Beißereien oder Unfälle – Verletzungen entstehen. Dabei beschränkt es sich zumeist auf Fleischwunden. Die verletzte Schildkröte ist sofort von den anderen Tieren zu trennen und so lange einzeln zu halten, bis die Wunde vollständig verheilt ist. Denn leider haben die anderen Schildkröten häufig die Angewohnheit, in die verletzte Stelle zu beißen, sodass die Wunde nie verheilen kann. Vor allem Schwanz, Hals und Füße sind durch Bisse gefährdet. Sobald man hier eine Verletzung feststellt, ist das betroffene Tier zu isolieren. Es besteht sonst die Gefahr, dass der Schwanz bis zur Kloake nach und nach abgebissen wird. Jungtiere sollten generell nicht mit adulten Exemplaren zusammen gehalten werden, da sie sonst besonders gefährdet sind.

DER PRAXISTIPP

Medikamentöse Behandlung von Schildkröten sollten nur in Absprache mit einem reptilienkundigen Tierarzt erfolgen!

Manche Männchen stülpen gelegentlich ihren Penis aus. Hierbei kann es passieren, dass andere Schildkröten hineinbeißen, wie oben schon erwähnt. Falls keine größeren Verletzungen entstanden sind, kann der Pfleger versuchen, den Penis zurückzumassieren. Hierbei sollte man kühles Wasser über den Schwanz laufen lassen. Häufig muss aber der Tierarzt aufgesucht werden.

Legenot

Wenn der Eiablageplatz vom Weibchen nicht angenommen wird, kann es im schlimmsten Fall zur Legenot kommen: Das Weibchen setzt seine legereifen Eier nicht ab. Daher verkalken diese weiter im Körper. Irgendwann verderben sie, und das Tier stirbt an einer Vergiftung. Manchmal werden die Eier aber nur verworfen, d. h. an ungünstigen Stellen, z. B. im Wasser, abgelegt. Sollte es zu Komplikationen kommen, muss die Qualität des Landteiles überprüft werden.

Hierbei ist besonders auf die Temperatur und Substratfeuchte zu achten. Sollte nach Änderungen am Landteil bzw. dessen Mikroklima keine Ablage erfolgen, ist dringend ein Tierarzt zu konsultieren.

WUSSTEN SIE SCHON?

Manche Weibchen, vor allem junge und unerfahrene Tiere, benötigen zur Auswahl des Nistplatzes mehrere Tage und führen dazu Probegrabungen durch. Wenn nach 14 Tagen noch keine Eier gelegt sind, ist mit einer Legenot zurechnen.

Augenerkrankungen

Gelegentlich kommt es zu Infektionen der Augen. Diese äußern sich durch einen weißen Belag auf dem Augapfel. Häufig ist Stress die Ursache, gepaart mit schmutzigem Wasser und Vitamin-A-Mangel. Das betroffene Tier ist einzeln zu pflegen. Neben regelmäßigem Wasserwechsel ist auch eine Behandlung des Auges notwendig. Antibakterielle Augensalbe aus der Humanmedizin kann nach Weisung des Tierarztes angewendet werden. Wichtig ist daher die Vorstellung der Schildkröte bei einem reptilienerfahrenen Tierarzt. Häufig lassen sich Augeninfektionen durch eine einmalige Gabe von Vitamin A behandeln. Dabei ist aber äußerste Vorsicht angeraten, da Überdosierungen tödlich enden können. Die Behandlung sollte nur von einem Tierarzt durchgeführt werden!

Gelegentlich graben sich die Tiere im Landteil zu einer Trockenruhe ein. Foto: H. - D. Philippen

Klappbrust-Pelomedusen

WÄHREND die Gattung *Pelomedusa* mit der Starrbrust-Pelomeduse nur eine Art umfasst, besteht die Gattung der Klappbrust-Pelomedusen (*Pelusios*) aus aktuell 17 Arten. Die Systematik dieser Gattung ist noch unklar. Ebenso ist es z. T. äußerst schwierig, die einzelnen Arten zu unterscheiden. Deshalb möchte ich hier nicht weiter darauf eingehen, sondern nur einige häufig im Handel oder bei Privatzüchtern erhältliche Formen erwähnen. Als häufigste Art, die auch regelmäßig importiert wird, ist *Pelusios castaneus* zu nennen, die Braune oder Westafrikanische Pelomedusenschildkröte. Diese Art wird relativ oft nachgezüchtet (Büttner 2004; Prokop & Artner 2004). Ebenso werden gelegentlich die Schwarze Pelomedusenschildkröte (*Pelusios niger*) und die Rückenstreifen-Pelomeduse (*Pelusios gabonensis*) nach Europa importiert. Alle diese Arten kommen ebenfalls aus dem tropischen Westafrika und stellen die gleichen klimatischen Ansprüche an ihre Pflege. Das Becken ist auch analog einzurichten. Im Unterschied zu *Pelomedusa subrufa* sind aber

Der Panzer der Ostafrikanischen Klappbrust-Pelomeduse ist dunkler gefärbt und schmaler.
Foto: M. Schilde

diese Arten gegenüber anderen Schildkrötenarten nicht aggressiv. Meist sind sie sogar eher zurückhaltend und sollten aus diesem Grund in einem Artbecken gehalten werden. Auch die *Pelusios*-Arten führen hin und wieder eine Trockenruhe durch, während der sie sich im Substrat des Landteiles vergraben. Ihre Ernährung ist eher carnivor, wie die der Starrbrust-Pelomeduse. Einige Exemplare nehmen aber auch manchmal pflanzliche Nahrung an. Verschiedenes Obst und Grünpflanzen wie Salatsorten und Löwenzahn können dann gelegentlich angeboten werden.

Von einigen Züchtern werden außerdem die ostafrikanischen Arten *Pelusios williamsi* (Giebner & Helm 1996, 1997) und *Pelusios sinuatus* vermehrt. Bei der in menschlicher Obhut vermehrten *P. williamsi* handelt es sich eher um eine dunkle Regenwaldform von *P. castaneus*. Auch sie sind unter den gleichen Bedingungen zu halten. Die meisten *Pelusios*-Arten werden größer als *Pelomedusa subrufa*. Bei *Pelusios sinuatus* ist aber zu beachten, dass sie die größte Art ihrer Gattung ist und eine Carapaxlänge von 40 cm oder mehr erreichen kann und dann ein entsprechend dimensioniertes Becken benötigt.

Bauchpanzeransicht von *Pelusios williamsi*. Deutlich ist das Scharnier zu erkennen.
Foto: M. Schilde

Weitere Informationen

ZUR Vertiefung der in diesem Buch gegebenen Informationen und zum weiteren Einblick in terraristische und herpetologische Themenbereiche empfehlen sich die Mitgliedschaft in einem Verein gleich gesinnter Terrarianer sowie ein intensives Literaturstudium. Die folgenden Auflistungen sollen dabei behilflich sein, einen Einstieg in die Thematik zu finden, können aber natürlich nur einen kleinen Ausschnitt aufzeigen.

Vereine und Interessengruppen

Wer sich langfristig mit Schildkröten beschäftigen möchte, dem sei die Mitgliedschaft in einem Verein nahegelegt. Hier bekommt man nützliche Kontakte zu Gleichgesinnten, erhält die Möglichkeit zum Tiertausch, kann an Veranstaltungen teilnehmen und erhält regelmäßig die fachspezifischen Zeitschriften. In Deutschland ist es vor allem die Deutsche Gesellschaft für Herpetologie und Terrarienkunde e. V., die sich als derzeit weltgrößte Organisation auf diesem Fachgebiet mit Reptilien und Amphibien beschäftigt (www.dght.de). Im Mitgliedsbeitrag sind u. a. mehrere Fachzeitschriften und das Anzeigen-Journal mit zahlreichen Tierangeboten und -gesuchen enthalten. Eine Arbeitsgemeinschaft der DGHT ist die AG Schildkröten (www.ag-schildkroeten.de), die mehrere regionale Veranstaltungen organisiert und die vierteljährlich erscheinende Schildkrötenzeitschrift RADIATA herausbringt. In der Schweiz ist es die Schildkröten-Interessengemeinschaft Schweiz (www.sigs.ch), die die dortigen Schildkrötenfreunde vereint und die Zeitschrift TESTUDO verlegt. Österreich hat aktuell mehrere Organisationen; als Beispiel seien die Internationale Schildkröten Vereinigung (www.isv.cc) erwähnt, die ihre Mitglieder in der Publikation SACALIA mit Fachbeiträgen informiert, sowie die Österreichische Gesellschaft für Herpetologie (ÖGH). Natürlich gibt es auch in anderen Nationen Schildkröten-Vereinigungen: So existiert beispielsweise in den Niederlanden die Nederlandse Schildpadden Vereniging (www.trionyx.nl). Allen Vereinigungen gemein ist die Tatsache, dass ihre Mitglieder nicht nur für die Haltung und Vermehrung von Schildkröten sorgen, sondern sich auch aktiv für den Arten- und Naturschutz einsetzen. Sie unterstützen Hilfsprojekte, koordinieren Zuchtprogramme und bringen den Menschen die faszinierende Welt der Schildkröten näher!

Zeitschriften

REPTILIA, TERRARIA
Terraristik-Fachmagazine erscheinen je sechs Mal jährlich mit Beilage RepTV, die Kleinanzeigen- und Fernsehzeitschrift für Terrarianer
Natur und Tier - Verlag GmbH; An der Kleimannbrücke 39/41; 48157 Münster; Tel.: 0251-13339-0; E-Mail: verlag@ms-verlag.de; www.ms-verlag.de

MARGINATA
Schildkröten-Fachmagazin, erscheint vier Mal jährlich
Natur und Tier - Verlag GmbH, s. o.

DRACO
Terraristik-Themenheft erscheint vier Mal jährlich
Natur und Tier - Verlag GmbH, s. o.

Sauria
Terraristik und Herpetologie, erscheint vier Mal jährlich
Terrariengemeinschaft Berlin e. V.; Bruno Treu; Christstr. 10; 14059 Berlin; www.sauria.de; E-Mail: abo@sauria.de

DATZ – Die Aquarien- und Terrarienzeitschrift
Erscheint monatlich;
Verlag Eugen Ulmer; Wollgrasweg 41; 70599 Stuttgart; Fax: 0711-4507120; www.datz.de

Untersuchungsstellen

Kotproben, Sektionen und andere Untersuchungen können von spezialisierten Tierärzten oder von veterinärmedizinischen Untersuchungsstellen, die es in vielen Städten gibt, vorgenommen werden. Eine Liste mit Tierärzten, die sich mit Reptilien und Amphibien beschäftigen, kann über die DGHT bezogen oder auf www.dght.de eingesehen werden.
Überregional bekannt sind z. B. folgende Einrichtungen:

- Exomed, Erich-Kurz-Str. 7, 10319 Berlin
Tel.: 030-5112008, E-Mail: labor@exomed.de, www.exomed.de
- Universität München, Institut für Zoologie, Fischereibiologie und Fischkrankheiten der tierärztlichen Fakultät, Kaulbachstr. 37
80539 München, Tel.: 089-2180-2687, E-Mail: office@zoofisch.vetmed.uni-muenchen.de, www.vetmed.lmu.de/zoofisch/
- Chemisches und Veterinäruntersuchungsamt Ostwestfalen-Lippe
Westerfeldstr. 1, 32758 Detmold, Tel.: 05231-9119
E-Mail: poststelle@svua-detmold.nrw.de, www.cvua-owl.nrw.de
- Vet Med Labor GmbH, Mörikestraße 28/3, 71636 Ludwigsburg
Tel.: 01802-838633, E-Mail: info@vetmedlabor.de
www.vetmedlabor.de (für privat nur über Ihren Tierarzt)

Weiterführende und verwendete Literatur

ARTNER, B. (1998): Eine neue Variante des Gelatinefutterpuddings für Wasserschildkröten. – Emys 5(3): 20–22.

BOYCOTT, R.C. & O. BORQUIN (1988): The South African tortoise book. A guide to South African tortoises, terrapins and turtles. – Southern Book Publishers, Johannesburg, 148 S.

BRANCH, B. (1988): Field Guide to the Snakes and Other Reptiles of Southern Africa. – National Book Printers, Doodwood, 328 S.

BÜTTNER, E. (2003): Haltung und Vermehrung der Starrbrustpelomeduse *Pelomedusa subrufa olivacea* (SCHWEIGGER, 1812). – Radiata 12(4): 9–14.

– (2004): Haltung und Vermehrung der Braunen Klappbrustpelomeduse *Pelusios castaneus* (SCHWEIGGER, 1812). – Radiata 13(4): 13–18.

BUNDESMINISTERIUM FÜR ERNÄHRUNG, LANDWIRTSCHAFT UND FORSTEN (1997): Mindestanforderungen an die Haltung von Reptilien. – Bonn.

ERNST, C.H. (1981): Courtship of the African helmeted turtle (*Pelomedusa subrufa*). – British J. Herpetol. 6: 141–142.

– & R. BARBOUR (1989): Turtles of the World. – Smithsonian Institution Press, Washington, London, 313 S.

EWERT, M.A. & C.E. NELSON (1991): Sex determination in turtles: diverse patterns and some possible adaptive values. – Copeia 1991: 50–69.

GASPERETTI, J., A.F. STIMSON, J.D. MILLER, J.P. ROSS & P.R. GASPERETTI (1993): Turtles of Arabia. – Fauna of Saudi Arabia 13: 170–367.

GIEBNER, I. & W. HELM (1996): F2-Nachzucht und einige Daten über *Pelusios williamsi* williamsi. – J. AG Schildkröten & Panzerechsen, 5(3): 4–7.

– (1997): Nachzucht der F2-Generation von *Pelusios williamsi williamsi* LAURENT, 1965. – Sauria 19(2): 23–28.

GRAY, J.E. (1863): Notice of a new species of *Pelomedusa* from Natal. – Ann. Mag. Natur. Hist. 12(3): 99–100.

HENNIG, A.S. (2004): Haltung von Wasserschildkröten. – Natur und Tier - Verlag, Münster, 128 S.

KNIRR, M. (1982): Pflege und Zucht von *Pelomedusa subrufa olivacea*. – herpetofauna 4(16): 28–31.

KÖHLER, G. (2004): Inkubation von Reptilieneiern. – Herpeton-Verlag, Offenbach, 154 S.

LOVERIDGE, A. (1941): Revision of the African terrapin of the family Pelomedusidae. – Bull. Mus. Comp. Zool. Harvard 88: 467–524.

MINUTH, E. & U. THIEME (2004): Die Schildkrötenfauna Gambias. – MARGINATA 1(4): 43–47.

OBST, F.J. (1985): Die Welt der Schildkröten. – Edition Leipzig, Leipzig, 235 S.

PRITCHARD, P.C.H. (1979): Encyclopedia of turtles. – T.F.H. Publications, Neptune City, 895 S.

PROKOP, H. & H. ARTNER (2004): Haltung und Nachzucht der Braunen oder Westafrikanischen Pelomedusenschildkröte, *Pelusios castaneus* (SCHWEIGGER, 1812). – Emys 11(4): 4–18.

RÖDEL, M.-O. (1989): Pflege und Zucht der ostafrikanischen Klappbrustpelomeduse *Pelusios williamsi williamsi*. – DATZ 42(7): 409–412.

– (1990): Beitrag zur Kenntnis einiger kenianischer Schildkröten und ihrer Lebensräume. – Sauria 12(1): 25–29.

– (1997): Lebensräume und Entwicklung junger Starrbrust-Pelomedusen *Pelomedusa subrufa olivacea* (SCHWEIGGER, 1812) im Comoé-Nationalparks, Elfenbeinküste (Testudines: Peloemdusidae). – Herpetozoa 10(1/2): 23–33.

– & R. BUSSMANN (1992): Weitere Daten zur Verbreitung und Habitatwahl von *Geochelone pardalis babcocki* (BELL 1826), *Pelomedusa subrufa subrufa* (LACEPEDE 1788) und *Pelusios sinuatus* (SMITH 1838) in Kenia. – Sauria 14(2): 33–38.

RÖDEL, M.-O. & K. GRABOW (1995): Die Schildkröten und Krokodile des Comoé-Nationalparks, Elfenbeinküste (Reptilia: Testudines et Crocodylia). – Faun. Abh. St. Mus. Tierk. Dresden 20(8): 133–144.

SCHWEIGGER, A.F. (1812): Monographiae Cheloniorum. – Königsberg. Arch. Naturwiss. Math. 1: 271–368, 406–458.

VILLIERS A. (1958): Tortues et crocodiles de L'Afrique Noire francaise. – I.F.A.N., Dakar, 354 S.

Literatur vom NTV

Jede Menge Antworten auf Fragen rund um Ihr Hobby

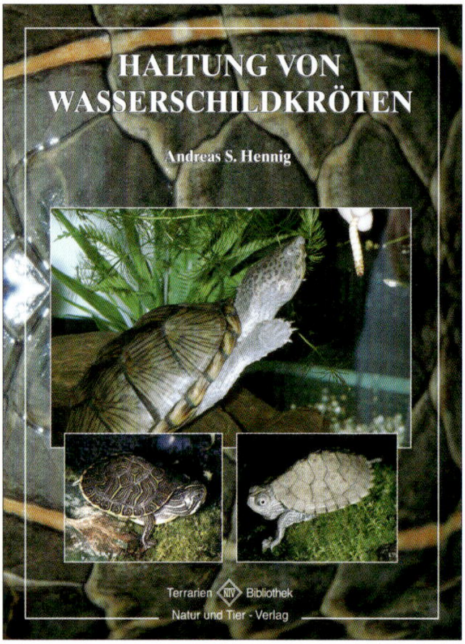

Haltung von Wasserschildkröten
A. S. Hennig

128 Seiten, 116 Farbfotos
Format: 16,8 x 21,8 cm
ISBN 978-3-931587-95-9

Preis: 19,80 €

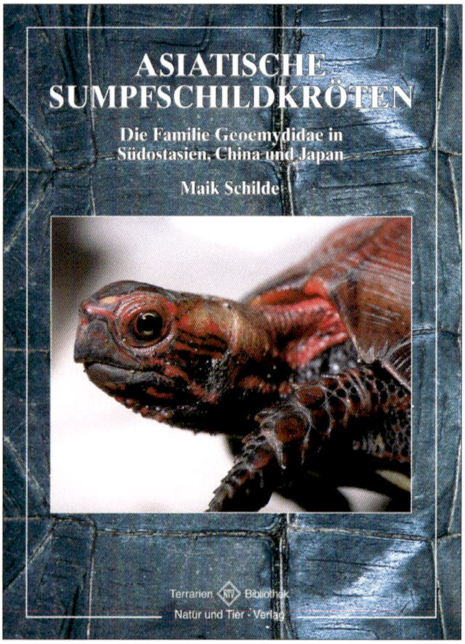

Asiatische Sumpfschildkröten
Die Familie der Geoemydidae in Südostasien, China und Japan
M. Schilde

192 Seiten, 273 Abbildungen
Format: 16,8 x 21,8 cm, Hardcover
ISBN 978-3-931587-94-9

Preis: 39,80 €

Besuchen Sie uns auf www.ms-verlag.de